プログラミングとコンピュータ

しくみと基本がよくわかる！

[監修] 大岩 元

PHP

どっちに進む？

　人類ははるか昔から、人間のように考え、動くものをつくりだそうとしていました。そしてコンピュータがつくられて、人間がそれまでやってきた仕事を代わりにやってもらったり、ゲームができたり、遠くの人と話ができたりするようになりました。

　コンピュータは人間よりずっと速く計算することができ、24時間ねむらずにはたらくことができます。しかし今のところ、コンピュータはおもしろいマンガをえがくことはできませんし、すばらしいアイデアや直感がひらめいたりすることもありません。なにかやってもらいたいときは、あいまいなところがないように、コンピュータにていねいに命令しなければなりません。この命令をひとまとめにしたものを「プログラム」といいます。

　では、右のようなマス目にいるロボットをゴールに連れていくには、どのように命令すればいいのでしょう。もし無事に、ロボットをゴールに連れていくように命令できれば、正しい「プログラム」をつくったことになります。

ロボットはジャンプしたり、空を飛んだりできません。工事中の看板や池、木、穴などの障害物はさけて通らなければいけません。またこのロボットは、ヘビが苦手です。さあ、どんな「プログラム」でゴールに連れていけばよいか、ハルカとレンといっしょに考えてみましょう。
➡答えは60〜61ページ

はじめに

プログラミングとコンピュータを理解する

　わたしたちは、コンピュータとそれらをつなげたインターネットが生活のすみずみにまで行きわたった社会を生きています。都会では、コンビニエンスストアがどこにでもあって、日常必要とするものはほとんどそこで手に入るようになりました。また、携帯電話やスマートフォンで商品を注文することが多くなり、宅配業者が遠くの店から商品を配達してくれますが、じつはその携帯電話やスマートフォンも、コンピュータにマイクとスピーカとディスプレイをつけて電話のはたらきをさせているものなのです。

　わたしたちは、コンピュータなしでは生活できない社会をつくってしまいました。コンピュータがこれだけ役に立っているのは、だれかがコンピュータにしてもらう仕事がなにであるかをプログラムとして書いたからです。コンピュータは「プログラムを書けない仕事」をすることができません。そして、プログラムを書くことを「プログラミング」といいます。

　コンピュータは、電卓と同じかんたんな計算しかできませんが、そこにプログラムを実行する機能をつけることで、人間の何億倍の速さで仕事をすることができるのです。その結果、コンピュータは人間がやってきた仕事を代わりにするようになってきました。30年前には、銀行でお金をあずけたり引きだしたりするときは、窓口にいる人間にやってもらったものですが、そうした仕事はATMとよばれる、コンピュータが中に入った機械でするようになりました。銀行窓口の仕事がなくなったのです。そうしたことが今後急速に広がると予想されています。

　これからは、コンピュータにはできない仕事しか人間はできなくなります。その時代に備えて、まずコンピュータに仕事をさせるプログラミングをみんなが学ぶ必要がでてきたのです。

慶應義塾大学
名誉教授
大岩　元

プログラミングとコンピュータ
しくみと基本がよくわかる！

もくじ

どっちに進む？ ……………………………… 2

はじめに

プログラミングとコンピュータを理解する …… 4

この本の使い方 …………………………………… 6

第1章 プログラミングってなに？

「プログラム」とは、なんだろう？ ………… 8

見つけよう、身のまわりのいろいろな手順 … 10

くらべてみよう、人間とコンピュータ❶ …… 12

くらべてみよう、人間とコンピュータ❷ …… 14

命令通りに動かそう❶ ……………………… 16

命令通りに動かそう❷ ……………………… 18

いろいろなプログラム❶ …………………… 20

いろいろなプログラム❷ …………………… 22

いろいろなプログラム❸ …………………… 24

いろいろなプログラム❹ …………………… 26

コラム

プログラミングには日本語の力が必要 …… 28

第2章 コンピュータとプログラミング

コンピュータやロボットが動くしくみ ……… 30

コンピュータと電卓は、なにがちがうの？ … 32

メモリのしくみとプログラム ………………… 34

コンピュータが命令を実行するしくみ❶ … 36

コンピュータが命令を実行するしくみ❷ … 38

どちらがすごい？　速さくらべ …………… 40

コンピュータの計算力が使われる例 ……… 42

コラム

プログラミングの歴史 ……………………… 44

第3章 情報とプログラミング

情報ってなに？ ………………………………… 46

ビットってなに？ ……………………………… 48

2進数ってなに？ ……………………………… 50

2ビット、3ビットの情報 …………………… 52

音を伝えるしくみ ……………………………… 54

画像を伝えるしくみ …………………………… 56

現在の情報のしくみ …………………………… 58

「どっちに進む？」(2〜3ページ)の答え …… 60

さくいん …………………………………………… 62

この本の使い方

第1章
プログラミングってなに?

「プログラミング」と聞くとむずかしそうに思いますが、コンピュータに命令する「手順書(プログラム)」をつくることです。第1章では、ロボット(コンピュータ)に命令するかんたんなプログラミングを通して、プログラミングの基本について学びます。

第2章
コンピュータとプログラミング

コンピュータがプログラムで命令して動くことを理解したら、どのようなしくみで命令が伝わっていくのかを第2章で学びます。また、現在のコンピュータのすごさや使われる例を説明します。

第3章
情報とプログラミング

「情報化社会」とよばれる現代におけるコンピュータの役割は重要です。第3章では、音や画像などの情報を伝えるために必要なプログラミングの基本について学びます。

こうやって調べよう

● もくじを使おう
知りたいことや調べたいことを、もくじから探してみましょう。

● さくいんを使おう
「プログラミング」や「コンピュータ」の説明には、むずかしい専門用語がたくさんでてきます。さくいんを使うと、そのことばがどのページにでてくるかを調べることができます。

第1章
プログラミングってなに？

「プログラム」とは、なんだろう？

「プログラム」は手順書(てじゅんしょ)

　コンピュータは、スマートフォンやゲーム機、洗(せん)たく機(き)、自動車(じどうしゃ)など、ありとあらゆるものに使(つか)われています。

　また、わたしたちがインターネットで動画(どうが)を見(み)たり、なにかを調(しら)べたりするときも、うらでコンピュータがはたらいています。

いろいろなものに使(つか)われているコンピュータ

スマートフォン／ゲーム機／洗(せん)たく機(き)／自動車(じどうしゃ)／電子(でんし)レンジ／炊飯器(すいはんき)

炊飯器(すいはんき)に入(はい)っているコンピュータのはたらきで、ごはんが炊(た)ける時間(じかん)やかたさを設定(せってい)できます。

　ただコンピュータは、自分(じぶん)ひとりで動(うご)くことができません。命令(めいれい)されたことしかできないのです。たとえばあるコンピュータに「1＋2」の計算(けいさん)をしてもらいたいときは、右(みぎ)のように命令(めいれい)します。このように、あいまいなところがないように命令(めいれい)を並(なら)べた手順書(てじゅんしょ)を「プログラム」といいます。

❶忘(わす)れないように、数字(すうじ)の1をメモ帳(ちょう)に書(か)きなさい。
❷忘(わす)れないように、数字(すうじ)の2をメモ帳(ちょう)に書(か)きなさい。
❸メモ帳(ちょう)に書(か)かれた数字(すうじ)を足(た)しなさい。
❹足(た)した結果(けっか)の数字(すうじ)をメモ帳(ちょう)に書(か)きなさい。

第1章 プログラミングってなに?

「プログラミング」は手順書をつくること

コンピュータは、命令をすばやくこなす力はあるのですが、仕事をいくつもの細かい命令に並びかえた手順書（プログラム）を、自分でつくることができません。プログラムは人間がつくって、コンピュータに覚えこませる必要があります。

この「プログラムをつくること」を「プログラミング」といいます。そのときに問題になるのは、コンピュータは人間のことばがわからないということです。そのため、人間のほうがコンピュータにわかることばでプログラムをつくらなければなりません。

コンピュータが理解できるプログラムのためのことばを「プログラミング言語」といいます。

コンピュータにわかることば「プログラミング言語」

コンピュータは人間のことばがわかりません。

コンピュータにプログラミング言語で命令すると、答えてくれます。

9

見つけよう、身のまわりの いろいろな手順

身のまわりにかくれている手順

わたしたちのふだんの行動や、わたしたちの身のまわりにあるものにも、よく見ると手順がかくれていることがあります。「お使いにいく」ときや、「カレーをつくる」場合の手順について考えてみましょう。手順を見つけだすことは「プログラミング」の第一歩です。

「お使いにいく」手順

① 買ってくるものをメモする
② お店までの道順を確認する
③ お店まで歩く
④ 買うものがある売場にいく
⑤ 商品をカゴに入れる
⑥ 代金をレジで支払う
⑦ 家に持ち帰る

手順書のつくり方

　長く複雑な手順も、分解すると同じようなことをしています。手順書（プログラム）をつくるときには、とくに右の3つの手順が重要です。

　この3つの手順をうまく組み合わせることで、複雑な仕事でも手順書にすることができます。ほかにも手順に分けられる仕事がないか、探してみましょう。

❶順次実行：上から順番に命令を実行すること。
❷くり返し：「歩きつづける」「材料を煮つづける」など、ある命令を何度もくり返し実行すること。
❸条件分岐：「もし材料が煮えたら、調味料を入れる」「もし15分たったら、火を止める」のように、条件が合っているか、そうでないかでやることを変えること。

「カレーをつくる」手順書

❶カレーづくりに必要な材料を買う（順次実行）
❷食べやすい大きさに材料を切る（くり返し）
❸なべに水と材料を入れて、やわらかくなるまで煮こむ（くり返し）
❹材料が煮えたら、カレールーなど、調味料を入れる（条件分岐）
❺15分煮こんだら、味見をして、火を止めて完成！（条件分岐）

完成！

くらべてみよう、人間とコンピュータ①

速く正確に計算できるコンピュータ

「コンピュータ」ということばは、もともと研究所や会社でさまざまな計算をする「計算手」とよばれる職業についている人のことでした。今ではおもに、電気で動く電子計算機のことをコンピュータといいます。

つまりコンピュータは、とても速く正確に計算するものを表すことばなのです。どのくらい速く正確かというと、日本にあるスーパーコンピュータ「京」は、1秒間に1京回の計算ができます。「京」は「万」や「億」と同じような数の単位ですが、1のあとに0が16個も続くとてつもなく大きな数です。

とてつもなく速いスーパーコンピュータ「京」

地球上の全人口70億人全員が、1秒間に1回のペースで計算を続け、約17日間かけてようやく1京回の計算ができます。スーパーコンピュータ「京」は、この計算をたった1秒でやってのけることができるのです。わたしたちが使うパソコンでも、1秒間に1000億回程度の計算ができます。

スーパーコンピュータ「京」のラック
写真提供：富士通

コンピュータはたくさん記憶できる

コンピュータは計算するとき、途中の結果を忘れないように、「メモリ」または「ストレージ」とよばれる装置に保存します。わたしたちが計算に使う「メモ」や「ノート」のようなものです。

ではこのメモリやストレージにどれぐらいの文字を書きこめるのでしょうか。これらの装置に書きこめる文字の量には、「ギガバイト（GB）」や「テラバイト（TB）」という単位が使われます。「1ギガバイト」は半角英数字（1文字1バイト）で10億文字ぐらい、「1テラバイト」は1兆文字ぐらいです。コンピュータは、ものすごい量の文字や数字を記憶することができるのです。

メモリとストレージ

メモリ
コンピュータの情報（データ）やプログラムを一時的に記憶する部品（電源を切ると消えてしまう）。最近のパソコンには、4ギガバイトや8ギガバイトのメモリが組みこまれています。

ストレージ
「ストレージ」とは「保管」や「保存」を意味し、コンピュータでは情報（データ）を記憶して保存するハードディスクなどをストレージとよびます。最近のパソコンには、500ギガバイト〜3テラバイトのハードディスクが組みこまれています。

くらべてみよう、人間とコンピュータ②

決められたことしかできないコンピュータ

　コンピュータはすごい能力をもっていますが、苦手なこともあります。決められた手順はすごい速度でこなせるのですが、命令されていないことはまったくできないのです。とつぜんの事故や予想もしていないことが起こると、コンピュータは対応できません。コンピュータにはたらいてもらいたいならば、人間がプログラムの中にあらかじめ手順を書きこんでおくしかありません。

コンピュータが苦手なこと

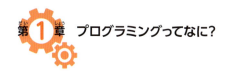

ひらめきや独創性がないコンピュータ

　ほかにもコンピュータが苦手なことがあります。コンピュータは、独自のアイデアを思いつくことができないのです。たとえば、ベートーベンのようにすばらしい音楽を作曲したり、レオナルド・ダ・ビンチのようにすばらしい絵をえがいたりすることはできません。また、ニュートンやアインシュタインのようにむずかしい理論を思いつくこともありません。このようなことは、まだ人間にしかできないのです。

　しかし最近は、大量のお手本とそれを組み合わせる規則を決めてプログラムにして、コンピュータで音楽や絵をつくることができるようになりました。これは「AI（人工知能）」とよばれる技術ですが、そのプログラムをつくるのは人間なのです。

　このように、人間とコンピュータはそれぞれ得意なことがちがいます。逆にいえば、おたがいが協力すれば、すばらしいことができるかもしれません。

人間は芸術や科学のさまざまな分野でいろいろな発想を生みだしてきましたが、コンピュータが新しい発想を生みだすことはできません。

命令通りに動かそう❶

順次実行

　ここで少しプログラミングをやってみましょう。とはいっても、実際にコンピュータを使うわけではありません。かんたんないくつかの命令だけを実行できるコンピュータ（ロボット）に登場してもらいましょう。このロボットは次のような命令を実行できます。

- 1マス前に進む
- 左に向く
- 右に向く
- 止まる　など

ロボットに「順次実行」をさせてみよう

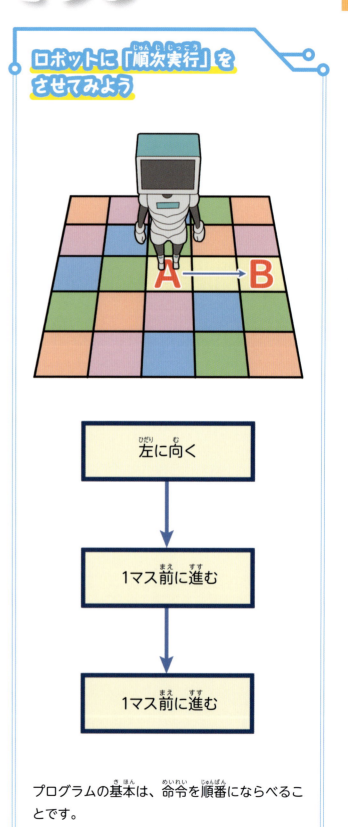

　たとえば、右上のようなマス目で区切られた場所があるとします。A地点にいるロボットにB地点まで移動してもらうには、どうすればいいでしょう。この場合は、右のように命令します。これは命令を順番に実行するので「順次実行」といいます。

　このように、1つの仕事を小さな命令に分解し、分解した命令を順番にならべたものがプログラムの基本形になります。

プログラムの基本は、命令を順番にならべることです。

くり返し

　今度はロボットに池のまわりをぐるっと回ってきてもらいましょう。下の絵のように、マス目で区切られた場所の中央に池があるとします。A地点にいるロボットに、池のまわりを右回りで1周するように命令するにはどうすればいいでしょう。

　「順次実行」するように命令すると、(1)のように命令が12個もあって長くなります。

　それでは「くり返し」を使って(2)のように書いてみたらどうでしょう。ずいぶんプログラムが短くなりました。コンピュータはくり返すことが得意なので、積極的にくり返しを使いましょう。プログラムが短くなり、読みやすくもなります。

ロボットに「くり返し」をさせてみよう

プログラムは、「くり返し」を使うことで短くすることができます。

(1) 順次実行

| 1マス前に進む |
| 1マス前に進む |
| 右に向く |
| 1マス前に進む |
| 1マス前に進む |
| 右に向く |
| 1マス前に進む |
| 1マス前に進む |
| 右に向く |
| 1マス前に進む |
| 1マス前に進む |
| 右に向く |

(2) くり返し

4回くり返す*
- 1マス前に進む
- 1マス前に進む
- 右に向く

＊水色の台形ではさんだ手順のくり返しを示す。

命令通りに動かそう❷

条件分岐

　「くり返し」を使うことで、このロボットは自分で動けるようになりました。けれども、決められた動きをするだけで、複雑なことはできません。道路の信号が赤でも止まれませんし、目の前に落とし穴があってもそのまま進んで落ちてしまいます。

　では、ロボットをもう少しかしこくするにはどうすればいいでしょう。そのためには、まわりをよく観察して、変化があったら行動を変えることができればよいのです。これを「条件分岐」といいます。

　たとえば、まっすぐ進むロボットの前に大きな穴があり、ロボットがその穴に落ちないようにしたいとします。その場合は、右の図のように命令してみたらどうでしょう。こうすれば、穴の前に来たらロボットは立ち止まるので、穴に落ちなくなります。

　では、穴のほかに池や木、信号など、別の障害物があったらどうすればいいのでしょう。その場合は、「条件分岐」の種類を増やせばいいのです。たとえば、「池があったら遠回りする」「木があったら止まり、右に向く」「信号が赤ならば止まる」などです。

　このように、「条件分岐」の種類を増やしていくと、ロボットはどんどん複雑な動きをするようになります。つまり、ロボットがどんどんかしこくなるのです。

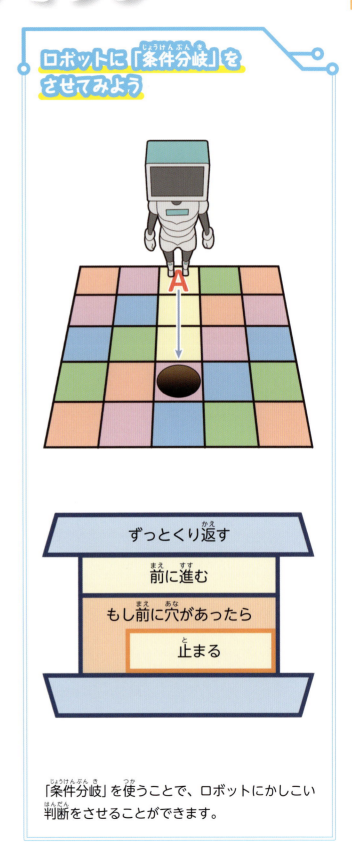

18

もっと複雑なプログラム

ここまでに出てきた「順次実行」「くり返し」「条件分岐」を組み合わせると、もっと複雑なことを命令できるようになります。たとえば、困っている人を助けるために町の中を歩きまわるロボットへの命令は下の図のようになります。

重要なのは、複雑な命令も「順次実行」「くり返し」「条件分岐」の3つを使うと、すっきりと整理することができるということです。みなさんも、いろいろなはたらきをするロボットのプログラムを考えてみましょう。

いろいろなはたらきをするロボットのプログラム

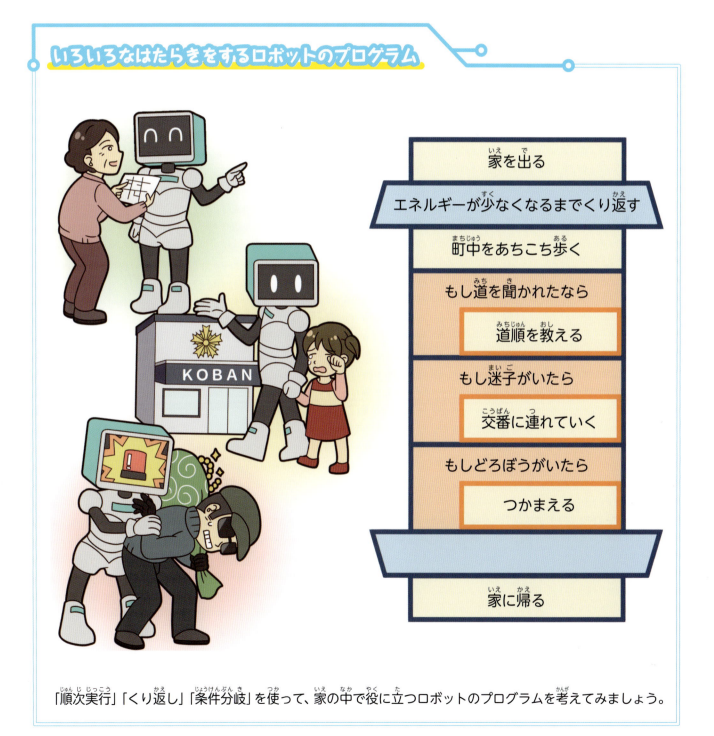

家を出る
エネルギーが少なくなるまでくり返す
　町中をあちこち歩く
　もし道を聞かれたなら
　　道順を教える
　もし迷子がいたら
　　交番に連れていく
　もしどろぼうがいたら
　　つかまえる
家に帰る

「順次実行」「くり返し」「条件分岐」を使って、家の中で役に立つロボットのプログラムを考えてみましょう。

いろいろなプログラム①

プログラミング言語

　コンピュータにはたらいてもらうには、プログラムをつくって命令しなければなりません。しかし、コンピュータは人間のことばを理解することができません。ふつうに話しかけても、相手がなにをしてもらいたいのかがわからないのです。そのため、人間のほうがコンピュータにわかることばで話しかけてあげないといけません。このようなコンピュータが理解できることばを「プログラミング言語」といいます。

　プログラミング言語は世界中に何百種類から何千種類もあるといわれ、数え切れないほどです。なぜこんなに多くの種類があるのでしょう。それは「話しやすく、書きやすいけど、全部の命令が終わるまでに時間がかかる」とか、「話しにくく、書きにくいけど、命令が終わるまでが速い」「ある特定のコンピュータにしか通じない」など、プログラミング言語ごとに特徴があるからです。

さまざまなプログラミング言語

それぞれ特徴をもったプログラミング言語がたくさんあります。

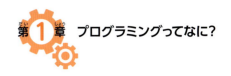

プログラミング言語を使ってできること

では、プログラミング言語を使ってなにができるのでしょう。じつは、わたしたちが身のまわりでふだん使っている多くのものが、プログラミング言語でつくられているのです。

これらは「ソフトウェア（ソフト）」や「アプリケーション（アプリ）」「アプリケーションソフト」などといいます。いくつか例をあげてみましょう。

プログラミング言語でつくられている身近なもの

Web（ウェブ）アプリ
「Internet Explorer（インターネット エクスプローラー）」や「Google Chrome（グーグル クローム）」などのWebブラウザで動かすことができるアプリです。インターネットで動画を見たり、音楽を聴いたりすることができる「YouTube（ユーチューブ）」や、買い物ができる「Amazon（アマゾン）」はWebアプリです。

デスクトップアプリ
コンピュータのメモリに書きこんで利用するアプリケーションソフトで、「Word（ワード）」や「Excel（エクセル）」などたくさんのアプリがあります。

スマートフォンアプリ
ゲームアプリなど、スマートフォンの上で動くアプリケーションです。

できあがりです

組みこみ用・制御用ソフト
炊飯器や洗たく機、電子レンジなどの中で動いているソフトウェアです。

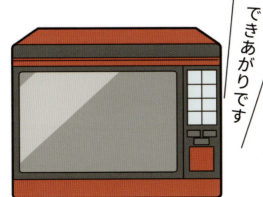

いろいろなプログラム❷

子ども向けのプログラミング言語

「スクラッチ（Scratch）」は、コンピュータの画面上で「ブロック」を積み木のように組み合わせることでプログラムをつくります。絵をえがいたり加工したりできるツールもそろっていて、ゲームや物語などいろいろなプログラムをつくることができます。思いついたアイデアを形にしやすく、ためしにプログラムをつくるには向いています。

スクラッチ

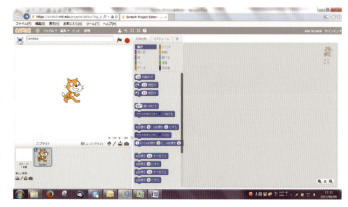

スクラッチは、アメリカのマサチューセッツ工科大学でつくられたプログラミング言語です。最初から自由に使える絵や背景が用意されています。インターネットにつながったパソコンとWebブラウザさえあれば使うことができます。また、Webサイトには、自分の作品を発表する場所も用意されているので、世界中の人から自分の作品に対して意見をもらうこともできます。

ScratchはMITメディア・ラボのLifelong Kindergartenグループによって開発されました。くわしくはhttps://scratch.mit.eduをご参照ください。

「プログラミン」は、かわいいモンスターの形をしたブロックを組み合わせることで、プログラムをつくります。プログラムに必要な絵や背景が用意されているので、すぐにプログラミングをはじめることができます。自分でえがいたキャラクターをキーボードで動かすようなゲームは、すぐにつくれます。また、自分でつくったプログラムをインターネットで公開して、ほかの人に遊んでもらうこともできます。

プログラミン

プログラミンは、文部科学省が運営する、子どものためのプログラミング体験用Webアプリです。

「コードモンキー（CodeMonkey）」は、サルのモンタを動かして、うばわれたバナナを取りもどすことで、プログラミングを学べるツールです。うまくバナナをひろえるように動かすには、とても頭を使う必要があります。問題はだんだんと複雑になり、それにつれてプログラムも複雑になるので、最後まで問題を解くとプログラミングの実力がつきます。

コードモンキー

©CodeMonkey Studios Inc.

サルのモンタは「コーヒースクリプト（CoffeeScript）」というプログラミング言語でコードを書いて動かすことができます。おためしでできる問題も公開されています。

「キュベット（Cubetto）」は、木製の箱型ロボットをプログラムでコントロールすることでプログラミングの基本を学べるツールです。前進、左、右などを表すブロックをボードにつけていき、最後にボードの青いボタンをおすとロボットが動きはじめます。見た目でプログラムの流れがわかるので、遊んでいるうちにプログラムの基本的な考え方がわかってきます。

キュベット

キュベットはイギリスで開発され、世界中で使われています。パソコンやタブレットを使わずに、友だちといっしょに遊びながらプログラミングを学べます。

©プリモトイズ

いろいろなプログラム❸

よく使われるプログラミング言語

　「ジャバ（Java）」は、アメリカのサン・マイクロシステムズという会社がつくった世界中で使われているプログラミング言語です。大学の研究所で使われるような大型コンピュータから家庭で使われるパソコンやスマートフォン、電子レンジやテレビのような家電製品まで、ありとあらゆる場所で使われています。

　ジャバでは、Webアプリやゲームソフト、おとなが仕事で使うようなアプリなど、なんでもつくれます。しかし、書き方がむずかしいので、覚えるのがたいへんな上級者向けプログラミング言語です。

上級者向け万能選手「ジャバ」

「ジャバ」で、「こんにちは」をプログラミングすると……

```
public class Hoge {
    public static void main (String [] args) {
        System.out.println ("こんにちは");
    }
}
```

第1章 プログラミングってなに?

「C」は、1972年にアメリカのAT&T(エー・ティー・アンド・ティー)という電話会社の研究所でつくられたプログラミング言語です。もともと「B」言語というものがあり、それを改良してつくったのでこの名前になったといわれています。ずいぶん昔からあることやコンピュータをすばやく動かすプログラムがつくれることなどの理由により、世界中で使われています。

コンピュータでできる仕事はほとんど、Cでやらせることができます。そのため、はじめてのプログラミング言語として学ぶ人が多い言語でした。しかし、現在ではかんたんにプログラミングができる言語が多くなり、初心者が最初に学ぶ言語ではなくなりつつあります。また、Cは古い言語なので、ほかのプログラミング言語にも影響をあたえ、Cによく似た多くのプログラミング言語が生まれました。

プログラミング言語のお母さん「C」

「C」で、「こんにちは」をプログラミングすると……

```
main() {
 printf("こんにちは");
}
```

いろいろなプログラム④

そのほかのプログラミング言語

「ジャバスクリプト（JavaScript）」は、アメリカのブレンダン・アイクという人がつくったプログラミング言語です。Webブラウザで動くWebアプリをつくるときによく使われています。わたしたちが見る動画サイトや、ショッピングサイトでボタンをおしたり、商品を選んだりするところでよく使われています。

ほかにも、地図を表示させるときや、文字の色が変わるところでも使われているので、知らず知らずのうちにジャバスクリプトのお世話になっていることが多いのです。インターネットの情報を見るWebブラウザがいくつもありますが、すべてのブラウザで動くプログラミング言語はジャバスクリプトだけです。

Webに欠かせない「ジャバスクリプト」

「ジャバスクリプト」で、「こんにちは」をプログラミングすると……

```
alert("こんにちは");
```

第1章 プログラミングってなに？

「パイソン（Python）」は、オランダのグイド・バンロッサムという人がつくったプログラミング言語です。作者がイギリスのお笑い番組「モンティ・パイソン」が好きだったため、この名前がつきました。プログラムの書き方がかんたんで、ほかのプログラミング言語とくらべて、さまざまなプログラムをわかりやすく、少ない文字数で書けるという特徴があります。

また、プログラムをかんたんに書くことができるため、海外では学校で使われることも多く、初心者向けのプログラミング言語といえます。Webアプリやスマートフォンアプリ、ゲームなど、使われる場所がとても多く、コンピュータでできる仕事はだいたいパイソンでプログラミングできます。最近では、AI（人工知能）の研究でも使われています。

「ことだまオンスクイーク（on Squeak）」では、「スクイーク（Squeak）」というプログラミング言語を日本語で使用できます。

27

コラム：プログラミングには日本語の力が必要

　コンピュータになにか仕事をしてもらうときは、「プログラム」をつくる必要があります。しかし、プログラムをつくる前にやらなければならないことがあります。まず、仕事の内容をしっかり観察して、理解することです。次に、仕事を細かな命令に分解する必要があります。そして、「順次実行」「くり返し」「条件分岐」を使って、なるべく短く、ムダのない手順書をつくり、その手順書をもとにプログラムをつくるのです。つまり、「観察する力」「論理立てて考える力」「表現する力」が重要なのです。

　これは国語の授業で、説明文を読んで質問の内容を理解したり、夏休みにあったことを順序よく、わかりやすく作文に書いたりするのと同じです。一見関係ないように思えますが、日本語で深く考え、表現する力は、プログラミングの力につながります。

第2章 コンピュータとプログラミング

コンピュータやロボットが動くしくみ

コンピュータを動かす3つの部分

　小型で高性能なコンピュータが出回るようになって、世の中はとても便利になりました。インターネットにつながるスマートフォンやジュースの自動販売機、自動車や電車など、あらゆるところにコンピュータが使われています。

　ではコンピュータはどのようなしくみで動いているのでしょう。コンピュータは大きく3つの部分に分けることができます。それは「CPU」「メモリ」「入出力装置」です。

　CPUは「中央演算処理装置」ともいい、考えることを担当する装置です。考えるといっても、やっていることはひたすら計算することです。メモリに書きこまれたプログラムから命令を読み取り、命令にしたがって計算をしていきます。

　メモリはプログラムや文章や画像のような情報（データ）を記憶しておくための装置です。コンピュータがやったことを忘れないように、計算の結果を書きとめておくメモ帳のようなものです。

CPUとメモリ

CPU

メモリ

CPUは、メモリやキーボードなどから情報（データ）を受け取り、「制御・演算」を担当します。

メモリは、データやプログラムを一時的に記憶する装置です。メモリの性能は、コンピュータの動作速度を左右します。

第2章 コンピュータとプログラミング

　コンピュータは、人間のことばや身ぶりを理解できません。そこで人間とコンピュータの間に立って、言いたいことや聞きたいことをわかりやすく伝えてくれる装置が必要になります。

　人間からコンピュータに、やってもらいたいことや記憶してもらいたいことを伝えるための装置を「入力装置」といいます。文字を入力できるキーボード、ゲーム機のジョイスティックやボタンは代表的な入力装置です。また画像を取りこむWebカメラ（視覚）や音を入力できるマイク（聴覚）のように、人間の五感に対応する入力装置を「センサ」ともいいます。

　コンピュータから人間に、見せたいことや聞かせたいこと、計算した結果などを伝える装置を「出力装置」といいます。文字や画像を映し出すディスプレイは代表的な出力装置です。ほかにも、紙や布などに印刷してくれるプリンタや、音で出力してくれるスピーカも出力装置です。

　これらを合わせて「入出力装置」といいます。

入出力装置

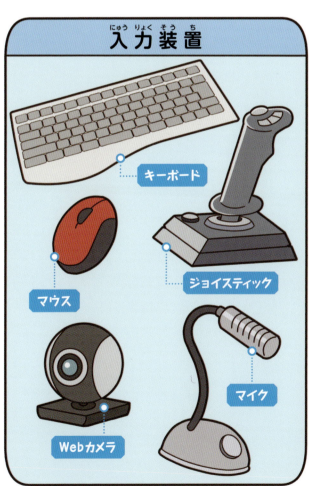

入力装置: キーボード、マウス、ジョイスティック、Webカメラ、マイク

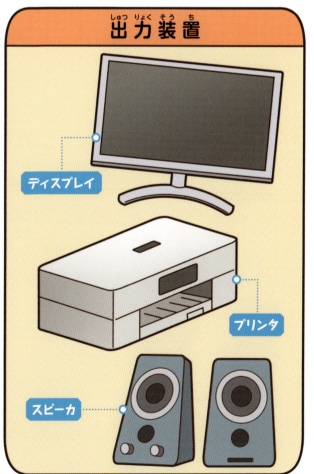

出力装置: ディスプレイ、プリンタ、スピーカ

人間とコンピュータの間で情報をやり取りするために、さまざまな入出力装置があります。

コンピュータと電卓は、なにがちがうの？

コンピュータが動くしくみ

　コンピュータの中でもっとも重要な装置は「CPU」と「メモリ」です。この2つがあれば、コンピュータとして動きます。ではこのCPUとメモリの組み合わせがどのように動くか、少しくわしく見てみましょう。

　まずCPUとメモリを何本かの電線で結びます。CPUはこの電線を使ってメモリに書かれている情報を読み取ります。また逆に、CPUがメモリに情報を書きこむこともあります。CPUとメモリを結ぶ電線を「バス」といいます。

　たとえば下の図のように、メモリに計算をするプログラムが書きこまれたコンピュータで「1＋2」の計算をする場合、CPUはメモリに書かれたプログラム（命令）を順番に読み取って、計算をします。そして忘れないように計算結果をメモリに書きこみます。

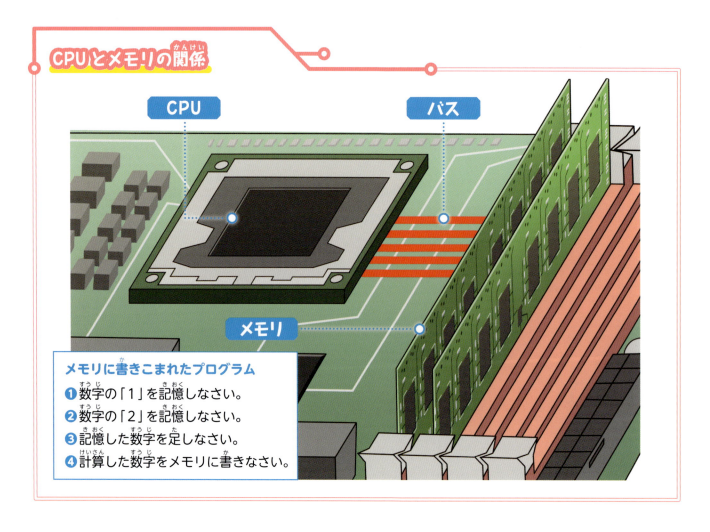

CPUとメモリの関係

- CPU
- バス
- メモリ

メモリに書きこまれたプログラム
❶ 数字の「1」を記憶しなさい。
❷ 数字の「2」を記憶しなさい。
❸ 記憶した数字を足しなさい。
❹ 計算した数字をメモリに書きなさい。

第2章　コンピュータとプログラミング

コンピュータのすごいところ

　メモリに書きこまれたプログラムを入れかえてしまえば、コンピュータはまったくちがう仕事ができます。たとえば、メモリにゲームのプログラムを入れておけば、コンピュータはゲーム機として動きます。スマートフォンのプログラムを入れるとスマートフォンとして、ロボットのプログラムを入れるとロボットとして動きます。

　CPUとメモリという同じ組み合わせなのに、プログラムを入れかえるだけでコンピュータはあらゆるものに変身します。これが世界中でコンピュータが使われる理由なのです。

プログラムで変身するコンピュータ

コンピュータと電卓のちがい

　電卓には、CPUと小さなメモリしかありません。そして、「＋」「－」「×」「÷」などの命令を1つずつキーパッドから入力してCPUに計算を実行させるのが電卓です。コンピュータは実行したい命令をあらかじめメモリに書きこんでおいて、それを読みだしながら実行します。コンピュータと電卓は同じ機能をもっているのですが、実行のしかたがちがうだけなのです。

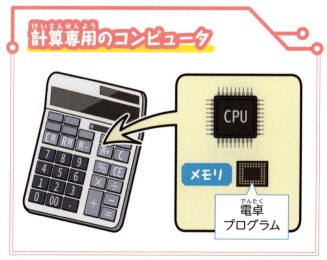

計算専用のコンピュータ

33

メモリのしくみとプログラム

電圧の高低で記憶される情報

豆電球を電池につなげると、豆電球と電池の間に電気が流れて光ります。電気を流す力の強さを「電圧」といい、電圧はマイナス極を基準に計ります。電池の電圧ならば、マイナス極を基準にしてプラス極までを計り、「1.5V（ボルト）」などといいます。電圧の高低は、豆電球の明るさや電圧計で調べることができます。

メモリはこの電圧の高低を使って、情報を記憶しています。

メモリの構造

パソコンのメモリを見てみると、基盤の上に黒くて平らな部品がのっています。黒い部分はメモリの本体を守るための「パッケージ」です。パッケージをはがすと、中に数平方センチメートルぐらいの大きさの金属片が見えます。これがメモリの本体です。この金属片には、数十もの部品や配線が組みこまれていて、もようのように見えます。電子顕微鏡で見ると、同じような形がくり返し並べられていることがわかります。この区画の中でいちばん小さいものを「セル」といい、次のような特徴があります。

電圧は電気を流す力の強さ

❶セルには電圧が高い状態、低い状態の２つがあり、どちらの状態も自由に設定できます。（書きこみ）
❷何もしなければ、セルは同じ電圧の状態を続けます。
❸それぞれのセルの電圧の状態は、いつでも調べることができます。（読みだし）

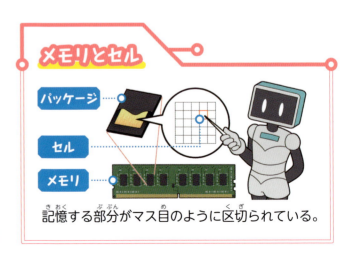

記憶する部分がマス目のように区切られている。

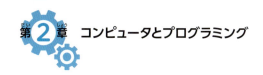

メモリとプログラム

　メモリはなにか記憶したいことがあると、大量にあるセルの一部の電圧を高くしたり、低くしたりすることで記憶します。たとえば、並んでいる4つのセルの電圧が「低低低高」なら数字の「1」を表すだとか、「高高高高」だったら「15」を表す、などのように、コンピュータならわかる暗号にして記憶しておくのです。ただし、コンピュータは漢字を読めないので、ふつうは電圧の高い状態を「1」、低い状態を「0」で表現し、「低低低高」ならば「0001」と記憶させます。

　コンピュータはこのように、0と1の2つの文字しか使えないのです。この表現を「2進表現」といい、このことばでないと考えたり、覚えたりすることができません。コンピュータが直接理解できる特殊なことばを「マシン語」といいます。そのためコンピュータに仕事をしてもらうためには、命令をマシン語に置きかえてメモリに書きこまないといけないのです。

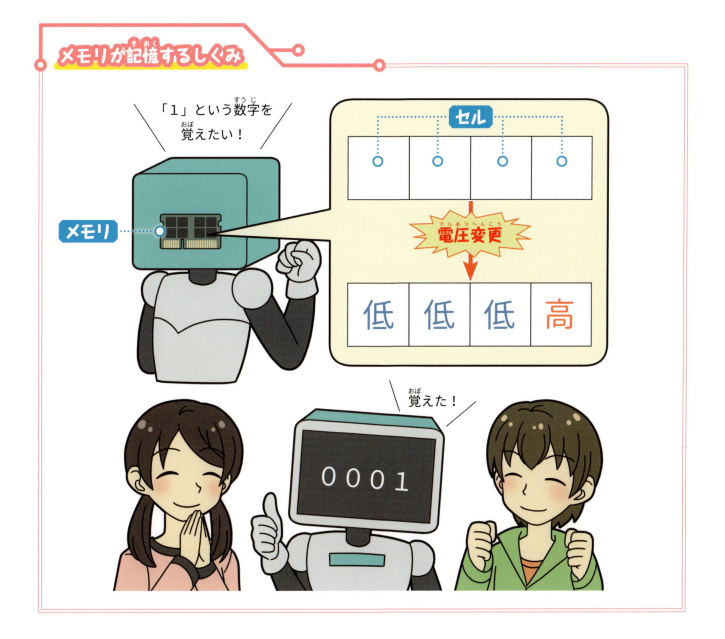

コンピュータが命令を実行するしくみ❶

CPUの構造

　コンピュータの中で考える部分を担当するのがCPUです。CPUにもいろいろな形がありますが、パソコンで使われるCPUは、たて横数センチメートルの大きさで、多くの端子が出ています。これは同時に多くの電気信号をあつかうからです。CPUは動作中に100℃近い温度になることがあるため、パッケージにはかたくて熱に強いセラミックがよく使われます。パッケージの中には、メモリと同じように小さくうすい金属片が入っています。これがCPUの本体です。この金属片には数十億個の部品がのっていて、とても複雑な装置になっています。

　メモリと異なり、CPUには役割がちがう回路がいろいろ入っていることが見た目でわかります。CPUは命令を記憶したり、計算をしたり、ほかの装置と情報のやり取りをしたりと、やらなければいけない仕事がいろいろあり、それぞれの仕事ごとに専用の回路が必要だからです。

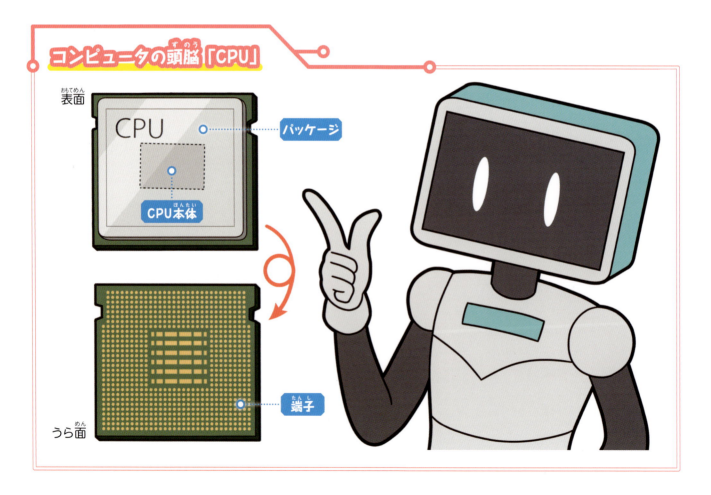

コンピュータの頭脳「CPU」

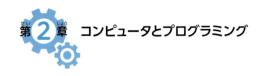

CPUのしくみ

　とても複雑なCPUですが、大きく分けると2つの部分でできています。1つは「制御部」、もう1つは「演算部」です。

　制御部ではメモリから命令を読み取り、その内容にしたがって情報を演算部に送ったり、ほかの装置の動きを調整したりします。また制御部には「レジスタ」とよばれる装置がいくつもあり、メモリから読み取った命令や計算結果、CPUの中の状態などを一時的に記憶しています。レジスタにも種類があり、とくに「プログラムカウンタ」というレジスタは、「次にメモリのどの部分を読まなければいけないか」という情報を記憶しています。制御部はプログラムカウンタの情報をもとに、メモリからプログラムをよびだします。

　演算部はひたすら計算をします。レジスタやメモリに書きこまれたデータを足し合わせるようなふつうの計算以外にも、つなぎ合わせたり、切り取ったりするような処理もします。

制御部と演算部の役割

CPUは「メモリから命令を読み取る」ことと「命令を実行する」ことをくり返します。

コンピュータが命令を実行するしくみ❷

電卓が計算するしくみ

　コンピュータと同じ仕事をする電卓は、CPUと小さなメモリからできています。それに数字と計算の種類を指定するキーパッドと、数字と計算の種類を表示するディスプレイがついています。制御部には、どの計算を実行するのかを指定する「命令レジスタ」と、数値を記憶する「数値レジスタ（レジスタ1とレジスタ2）」があります。

　電卓で「33＋4」を計算する場合、まずキーパッドの「3」を2回おすと、レジスタ1に数字の「33」が入り、それがディスプレイに表示されます。次に「＋」をおすと、命令レジスタに「＋」が入り、ディスプレイにもそれが表示されます。そのとき同時に、レジスタ1の「33」はレジスタ2にコピーされます。さらにキーパッドの「4」をおすと、レジスタ1に「4」が入って、ディスプレイにも表示されます。最後に計算を実行する「＝」をおすと、演算部がレジスタ1とレジスタ2の数を足して、答えの「37」をレジスタ1に書きこみます。そしてこの数字がディスプレイに表示されて、計算結果がわかるというしくみです。

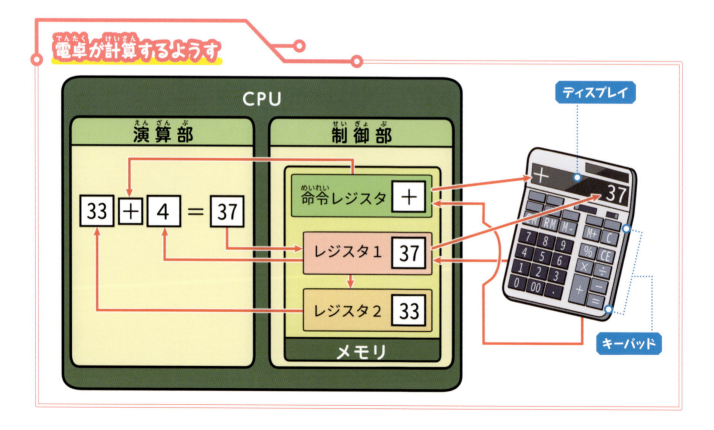

電卓が計算するようす

コンピュータが計算するしくみ

コンピュータが計算するときには、電卓でキーパッドをおす代わりに、メモリに計算の手順を書きこんでおいて、プログラムカウンタがメモリの番地をしめすことで進んでいきます。たとえば、メモリに次のような計算の手順が書かれていた場合、コンピュータが計算するしくみは右の図のようになります。また、メモリの4番地以降に、コンピュータに計算を終わらせたり、さらに長い計算や複雑な計算をさせたりする手順を書くことができます。

1番地「33をレジスタ1に書く」
2番地「4をレジスタ2に書く」
3番地「レジスタ1の数とレジスタ2の数を足す」

電卓もコンピュータも同じように計算の仕事をします。電卓は人間の手が脳の中で考えている手順にしたがって計算を進めていくのに対して、コンピュータは計算の手順（プログラム）をあらかじめメモリに書きこんでおいて、プログラムカウンタの司令にしたがって実行していくところだけがちがうのです。「プログラム」ということばは、「前もって書かれたもの」という意味を表すのです。

コンピュータが電卓よりすぐれている点は、どんなに長いプログラムでも、とても速く正確に実行してくれることです。

第2章 コンピュータとプログラミング

コンピュータが計算するようす

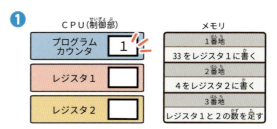

プログラムカウンタに「1」が入っていて、計算が始まります。

1番地の命令が実行されて「33」がレジスタ1に書かれます。そのとき同時にプログラムカウンタに1が足され、内容は「2」に変わります。

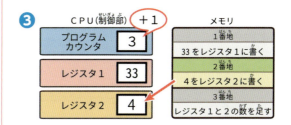

次の実行では、2番地の命令が実行されて「4」がレジスタ2に書かれ、同時にプログラムカウンタの内容が「3」に変わります。

3番地の命令が実行されて、レジスタ1とレジスタ2の数が足され、その結果がレジスタ1に書かれます。

どちらがすごい？ 速さくらべ

コンピュータの計算速度

　コンピュータにどれくらいの計算力があるかを表す方法として、「フロップス（FLOPS）」という単位があります。これは「浮動小数点演算*を1秒間に何回できるか」という単位で、わたしたちが使うふつうのパソコンでは、50～100ギガフロップス（GFLOPS）です。これは1秒間に500～1000億回の浮動小数点演算ができることを表します。コンピュータがとてつもなく計算が速いことがわかります。「スーパーコンピュータ」とよばれる超高性能コンピュータでは、10ペタフロップス（PFLOPS）にもなります。これは1のあとに0が16個も続く「1京（1兆の1万倍）」という、とてつもなく大きな数です。

＊たとえば「1500×0.06」という計算を、$[1.5×10^3]×[6×10^{-2}]$ と分けておこなう計算方法で、実際は2進数でおこなわれる。

スーパーコンピュータの速さ

計算速度（FLOPS）
- スーパーコンピュータ：10PFLOPS（1京倍速い）
- パソコン：100GFLOPS（1000億倍速い）
- 人間：1FLOPS

速さ（時速）
- 光：時速10億8000万キロメートル（1億倍速い）
- 宇宙船：時速4万キロメートル（4000倍速い）
- 人間（ランニング）：時速10キロメートル

　人間とスーパーコンピュータの計算速度のちがいは、ランニングする人間と光の速さのちがいとくらべものにならないほど、とてつもなく大きいのです。

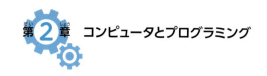

人間の計算速度

ひとりの人間が1秒間に1回の浮動小数点演算ができるとしたとき、この人間が1京回の計算をするには、約3億年かかることになります。人間が1秒間に1回の浮動小数点演算をするだけでもとてもむずかしいことで、それを約3億年、休むことなく続けることはできません。この計算を1秒間で終わらせてしまうスーパーコンピュータの計算速度は、「とてつもなく速い」というしかありません。

ひとりの人間が1京回の計算をするには

3億年

スーパーコンピュータ「京」
写真提供：理化学研究所

たったの1秒！

ひとりの人間が一生かかってもできない計算を、スーパーコンピュータ「京」はかんたんにやってしまいます。

コンピュータの計算力が使われる例

天気予報

　コンピュータにはものすごい計算力がありますが、この計算力がもっとも日常的に使われている身近な例は天気予報です。

　天気を予想するためには、さまざまな気象データを集めます。たとえば、人工衛星からの画像や日本全国にある観測所からの気温や雨量、風向風速、日照など、そのデータ量はとても大きくなります。

　そして集めたさまざまなデータをコンピュータに入力して計算させることで、雲の分布や気圧の配置などを予測して天気予報をつくります。天気予報は毎日発表するので、早く計算を終わらせないといけません。明日の天気予報のための計算が1週間かかるようでは、役に立たないからです。

　そのため気象庁では、1秒間に850兆回も計算ができるスーパーコンピュータを使って天気予報をつくっています。

天気予報のしくみ

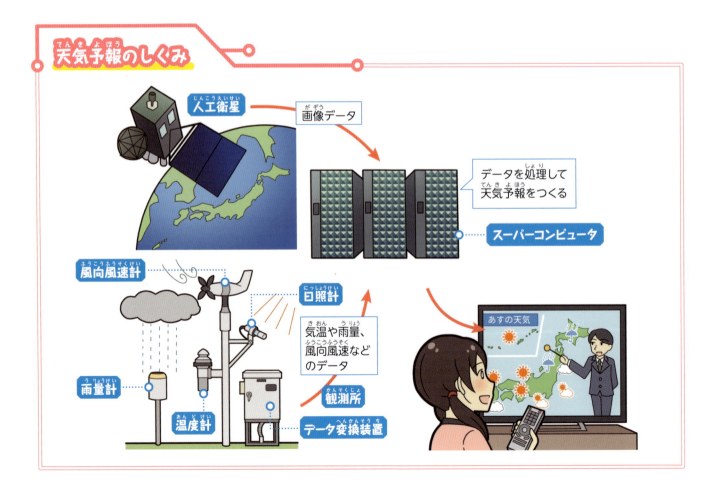

ものづくりを支えるコンピュータ

　コンピュータの計算力は、ものづくりの現場でも使われています。

　たとえば、自動車の車体をデザインするときは、走っているときに周囲に変な風が発生しないか調べる必要があります。もし車体の形が原因で自動車の下に風が流れこむようなことになると、車体がうきあがって運転がむずかしくなったり、ひどい場合は横転したりします。そのため、あらかじめ空気の流れをコンピュータで計算することで、安全に走ることができる車体をデザインします。

　このように、現実の世界で起こりそうなことを、あらかじめコンピュータを使って調べることを「シミュレーション」といいます。

コンピュータによるシミュレーション

自動車風洞解析シミュレーション

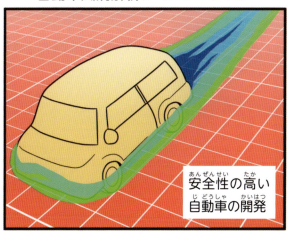

安全性の高い自動車の開発

地震・津波のシミュレーション

被害予測による防災計画

心臓シミュレーション

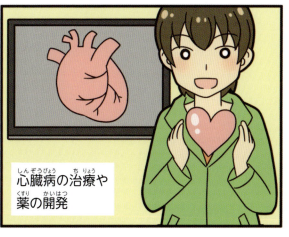

心臓病の治療や薬の開発

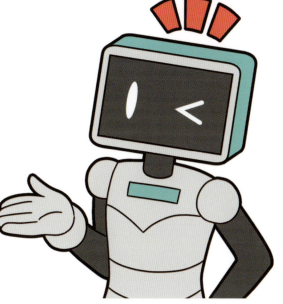

コラム プログラミングの歴史

　昔から、機械に自動で計算させたいと考えた人がいて、さまざまな努力が重ねられていました。

　19世紀の中ごろには、イギリスのチャールズ・バベッジが「解析機関」という機械式の計算機を考えていました。解析機関は穴の開いたカードを使ってプログラムを入力するものでしたが、完成しませんでした。

　1940年ごろからコンピュータを開発する計画がいくつか進行し、アメリカでつくられた「エニアック（ENIAC）」はその1つです。エニアックは真空管という部品を1万8000本使い、部屋1つ分の大きさがあったといいます。プログラミングも可能で、命令をくり返したり、条件分岐させたりできました。プログラミング方法はケーブルをつなぎ変えておこなう必要がありました。かんたんに終わる計算をさせるためのケーブルのつなぎ変えに1週間もかかったそうです。

　そこで命令をデータとしてメモリに書きこんでおき、それを読みだしながら実行する方法が考えだされました。1949年にイギリスのケンブリッジ大学で完成した「エドサック（EDSAC）」です。これが現在使われているコンピュータの最初のもので、このときから、プログラミングを研究するコンピュータ科学の研究が始まったのです。

　その後コンピュータは急速に発展しますが、しばらくは人間が、短いアルファベットで命令を書いて、それを「アセンブラ」がコンピュータにわかる「0」と「1」の2進表現に書き直して計算をおこなっていました。それが変わったのは、1957年にアイビーエム（IBM）の技術者だったジョン・バッカスが「フォートラン（FORTRAN）」というプログラミング言語を開発したときです。その後さらにコンピュータの性能が向上したことと、高級言語ができてプログラムがつくりやすくなったことから、つくるプログラムがどんどん大きくなりました。数万行のプログラムがふつうに書かれるようになり、それに対応して「オブジェクト指向」という技術が使われるようになりました。こうした言語で現在広く使われているのが、「ジャバ（Java）」です。

第3章
情報とプログラミング

情報ってなに？

情報とは

ほかの人と意見を交わしたり、自分の見聞きした話題を伝えるなど、人はさまざまなメッセージをやり取りしながら生きています。朝、「おはよう」とあいさつするのも、友だちや家族と話をするのもメッセージのやり取りです。

さらに現在は、人だけがメッセージのやり取りをするとはかぎりません。むずかしいゲームを攻略するためにインターネットで調べるときや、道路で赤信号を見て立ち止まるときも、パソコンやスマートフォン、信号機からなんらかのメッセージを得ているのです。このように人や機械の間でやり取りされるメッセージを「情報」といいます。

情報は目に見えませんが、人が次の行動を決めるときには重要なものです。天気予報が雨ならば、かさを持っていこうとするでしょう。「明日テストをします」と急に先生から言われたら、あわてて勉強するでしょう。ほかにも、「ある場所で火事が起こった」と通報があれば、消防車が出動します。「ある国が地震や津波で被害を受けた」とニュースが流れれば、世界中から救援物資が送られます。昔とちがって今はインターネットがあるので、世界中の人や機械と大量の情報をやり取りするようになりました。まさに情報化社会といえます。

「情報化社会」は、コンピュータやインターネットに支えられています。

情報の価値

　情報の価値は人によって異なるものです。たとえば、あるアイドル歌手の情報はファンにとってはとても重要ですが、興味がない人にはさほど重要な情報ではないでしょう。それでも価値の高い情報と低い情報を区別するおおまかな基準はあります。めったに起こらないと思われていることが起こるとき、その情報は重要になります。

　たとえば、天気予報でアナウンサーが「明日は雨が降るか降らないかのどちらかでしょう」と言ったとき、この情報の価値は低いといえます。なぜなら、かさを持っていったほうがいいのかどうか、そんなかんたんなことも決められないからです。しかし「明日は巨大ないん石が降ってくるでしょう」と、めったに起こらないことが起こるという情報だとしたらどうでしょう。このように、情報の価値はそれが起こる確率に大きく関係しています。

情報の価値と起こる確率の関係

情報があふれる現代では、その正しさを確かめることも重要です。

ビットってなに？

ビットは最小の情報単位

相手に情報を伝えようとしたとき、いちばん小さな情報とは、「あるか、ないか」または「変化があったか、なかったか」という情報ではないでしょうか。

たとえば、「部屋の電灯がついているか、消えている」「踏切が開いているか、閉まっている」といったものです。2つの状態のどちらかがわかるだけですが、それでもなんらかの情報が伝わります。消えていた部屋の電灯がつけば、家の人が帰ってきたのかもしれません。踏切が閉まっていれば、そのうち電車が通るのでしょう。

このように、もっとも小さな情報の単位を「ビット」といいます。そして変化の種類が2種類しかない情報を「1ビット」といいます。「スイッチのオンか、オフ」「0か、1」もすべて1ビットの情報です。

1ビットの情報

「オンか、オフか」「あるか、ないか」を表す1ビットの情報が、基本になります。

ビットを複数にして組み合わせる

しかし1ビットの情報では「はい」か「いいえ」のメッセージしか送れません。しかし心配ありません。ビットを複数にして組み合わせればいいのです。

たとえば、メッセージを送る相手と次のように約束しておきます。

❶赤の旗をあげるか、白の旗をあげるか、どちらかしかしない。
❷赤と白の旗の色を4つずつ組み合わせて、やり取りする。
❸表を見て、旗の色の組み合わせを数字に置きかえる。

相手に数字の「5」を伝えたいときは、表を見ると「5は白赤白赤」とあるので、「白、赤、白、赤」の順に4回旗をあげます。これで相手に数字の「5」というメッセージが送られてきたことがわかるのです。

もし、もっと複雑なメッセージを送りたいのであれば、組み合わせるビット数を増やします。8ビットにすれば、2×2×2×2×2×2×2×2＝256種類のメッセージが送れます。同じようにして、32ビットにすれば約43億種類、64ビットにすれば約1844京種類ものメッセージが送れるのです。

複数のビットの組み合わせ

上の図では、赤と白の旗の色を4つずつ組み合わせているので、最大2×2×2×2＝16種類の数字を表すことができます。

2進数ってなに？

10進数と2進数

　人間は数を数えるときに、10ずつ区切って数えます。これは人間の手の指が10本あることと関係があるといわれています。この10を基準にした数の数え方を「10進数」といいます。しかしコンピュータには指にあたるものがありません。そのため、コンピュータは「0」と「1」だけを使う数の数え方をします。これを「2進数」といいます。

　10進数と2進数をくらべてみると、2進数は0と1だけでいろいろな数を表していることがわかります。

10進数と2進数をくらべると

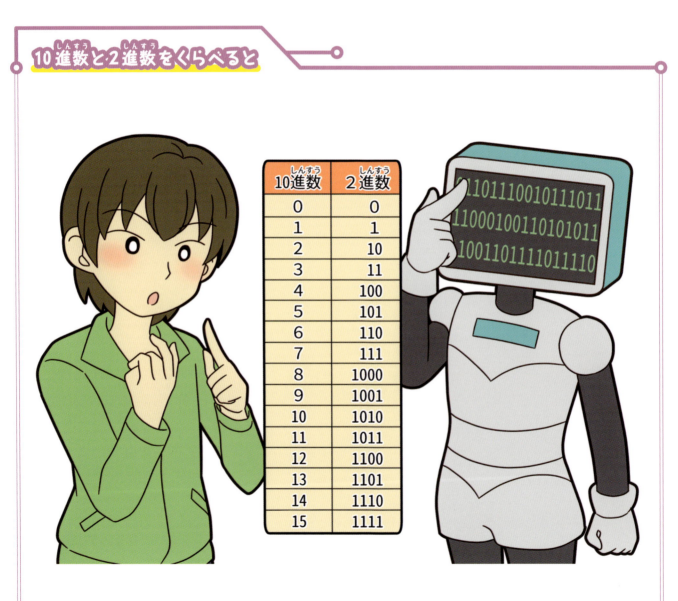

2進数の足し算

ではなぜ、2進数の「11」が10進数の「3」になるのでしょう。またなぜ、2進数の「1000」が10進数の「8」になるのでしょう。

これは2進数どうしの足し算の方法がわかれば理解できます。2進数はそれぞれのけたの最大の値が1なので、足して2になるときは「けた上がり」が起こるのです。これは10進数で9に1を足すと、けたが上がって10になるのと同じです。見た目はちがいますが、2進数でも10進数と同じように数を数えることができます。

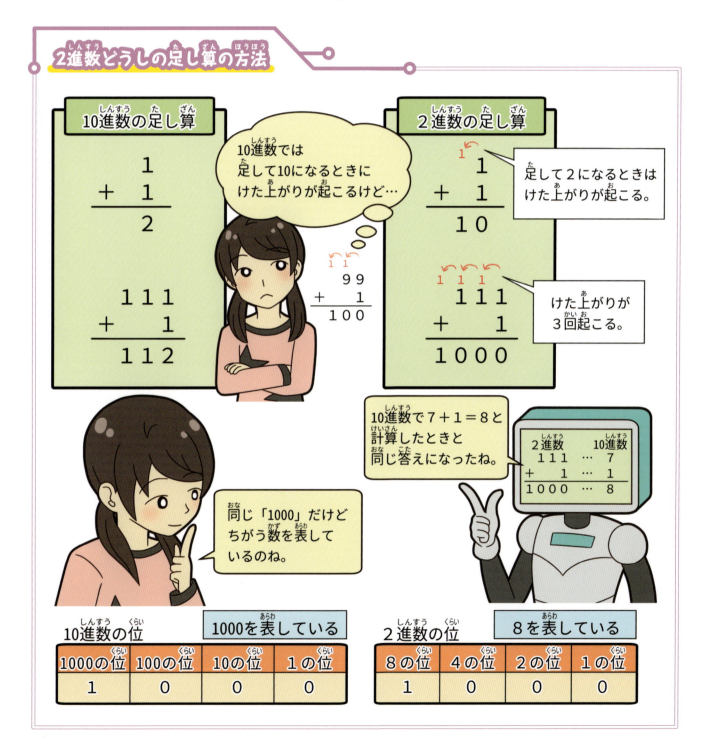

2ビット、3ビットの情報

2ビットの情報

2ビットの情報は「0」と「1」の2つの情報を2つ使うので、2×2＝4種類の情報を伝えることができます。この2ビット4種類の組み合わせに、ほかの情報を対応させて、ロボットへの命令表をつくってみましょう。

下の図の表をロボットに記憶させておけば、ロボットに命令するのが楽になります。もしロボットに、1マス前に進んだあと、左に向いてほしければ、「00」「01」と命令すればよいのです。

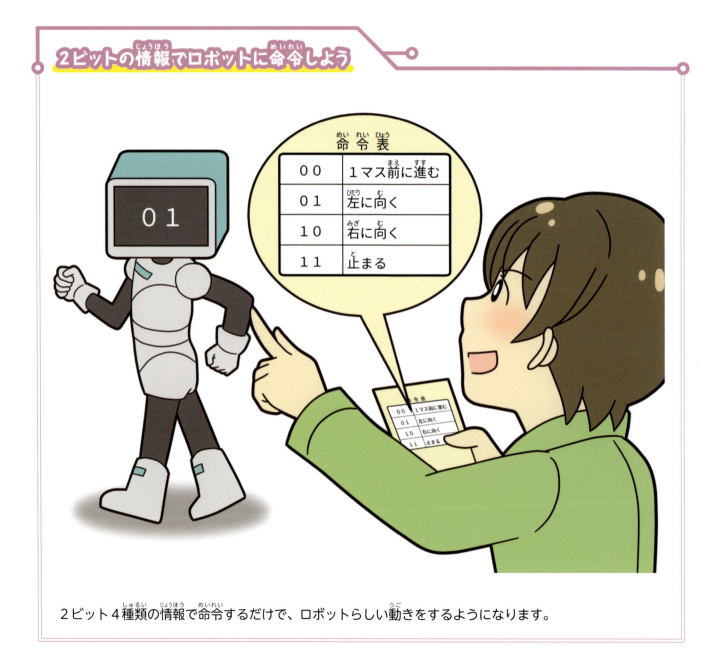

2ビットの情報でロボットに命令しよう

命令表

00	1マス前に進む
01	左に向く
10	右に向く
11	止まる

2ビット4種類の情報で命令するだけで、ロボットらしい動きをするようになります。

3ビットの情報

3ビットの場合は「0」と「1」の2つの情報を3つ使うので、2×2×2＝8種類の情報を伝えることができます。今度はこの8種類の組み合わせに、0から7までの数字を対応させてみましょう。また、8つの数字をロボットへの命令に対応させると、8種類の命令に増やすことができます。ここでは3ビットまでしか使っていないので、0から7までの数字しか表現できませんが、もっとビットを増やすことで、いくらでも大きな数を表すことができます。

3ビットの情報でロボットへの命令を考えよう

命令表		
000	0	1マス前に進む
001	1	左に向く
010	2	右に向く
011	3	止まる
100	4	
101	5	
110	6	
111	7	

上の図の4から7の数字に対応するロボットへの命令を考えてみましょう。

音を伝えるしくみ

アナログのしくみ

人間が声をだすと、その音はまわりの空気を細かく振動させながら伝わっていきます。そしてその空気が相手の耳のこまくを振動させることで、音が相手に届くのです。

しかしどんなに大きな声を出しても、数百メートルしか届きません。そこで空気の振動を電気信号にして送る方法が発明されました。これが電話です。空気の振動をマイクで電気信号に変えて電話線で送り、スピーカで電気信号を空気の振動に変えます。

空気の振動や電話の電気信号は、少しずつ連続して変化しています。このような連続して変化するものを「アナログ」または「アナログ信号」といいます。しかし、このアナログ信号を使った電話には1つ欠点がありました。遠くに信号を伝えようとすればするほど、電気信号の形がゆがんでしまい、もとの音とちがって聞こえてしまうのです。

アナログ信号では、遠くはなれた電話の相手の声がちがって聞こえます。

デジタルのしくみ

そこで発明されたのが「デジタル方式」です。もとの電気信号の形を細かく分けて、デコボコした形で相手に伝えるのです。もとの形にくらべると少し変わりますが、およその形は伝えることができます。電気信号の形の変化が小さくなり、ゆがむ心配もへります。使うビット数を増やせば、正確さをあげることができます。このようにアナログ信号をおよその形に置きかえた信号にすることを「デジタル化」といいます。

デジタル化して数字にしたあとは、ビットや2進数の考え方を使って、電気信号の形を「0」と「1」の組み合わせにすることができます。0と1の信号はゆがむことがほとんどないので、とても遠くまで信号を送ることができます。

マイクはアナログからデジタルへ、スピーカはデジタルからアナログへ信号を変換します。

画像を伝えるしくみ

ビットマップってなに?

　数字の「1」を画像情報として遠くに送る場合、デジタル化する必要があるので、「1」の画像をたてと横に細かく区切ります。そして区切ったマス目を1つずつ調べて、少しでも「1」の形があれば黒くぬりつぶし、そうでない場合は白いままにしておきます。すると、たとえば右のようにマス目の中に「1」の形ができあがります。これを「ビットマップ」といいます。

　次に、この図形の白い部分を「0」、黒い部分を「1」に置きかえます。たとえば、一番上の行は「00100」になります。すべての行で「0」と「1」に置きかえると、数字の「1」の画像は、次のような35ビットの情報に置きかわります。

「00100011000010000100001000111000000」

　そして、この35ビットの情報を受け取った人は、7×5の方眼紙を用意します。左上から横に、順に「1」のときはマス目を黒くぬりつぶし、「0」のときはぬりつぶさないことをくり返すと、数字の「1」の形があらわれるというしくみです。

　右の図では、「1」の画像がデコボコした形になっていますが、マス目を細かくすれば、人間の目には自然な画像に見えるようになります。

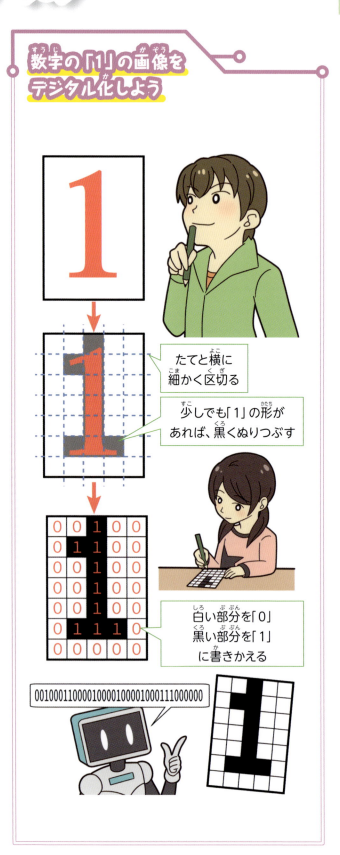

数字の「1」の画像をデジタル化しよう

たてと横に細かく区切る

少しでも「1」の形があれば、黒くぬりつぶす

白い部分を「0」黒い部分を「1」に書きかえる

情報量が大きい画像情報

0から7の数字そのものは3ビットの情報で表せました（→P.53）。しかし数字の「1」を画像にすると、たとえば35ビットもの情報が必要なのです。画像を情報としてあつかうと、10倍以上の情報になるのです。そのため、コンピュータやインターネットで情報を送るスピードが十分に速くなる2000年ごろまでは、画像や動画をあつかうサービスは普及しませんでした。

どんどん増える画像情報

わたしたちに身近な画像や動画をあつかうサービスは、ゲームや音楽配信以外にどんなものがあるか考えてみましょう。

現在の情報のしくみ

地上波デジタル放送の情報量

　現在の日本のテレビ放送は、画像や音声などの情報をデジタル信号で送っています。地上波デジタル放送では、横が1440、たてが1080の細かなマス目に区切られた画像になっています。しかもテレビの場合は動画なので、1秒間に30枚のカラー画像を表示するためには、約1500メガビット（15億ビット）もの情報量が必要です。地上波デジタル放送では、これを圧縮技術によって約17メガビット（1700万ビット）の情報量にして送っています。

地上波デジタル放送のしくみ

テレビ局 → 電波塔 → UHFアンテナ／一般家庭 → テレビ

バーコードとQRコードの情報

スーパーマーケットやコンビニエンスストアで買い物をするとき、レジで商品に書かれた黒い線の集まりや記号に読み取り機のようなものをあてて、値段を読み取ります。黒い線が集まったものが「バーコード」、ところどころ黒くぬりつぶされた記号のようなものが「QRコード」です。どちらも線の太さや黒くぬりつぶされた位置を読み取って、「0」と「1」の情報に置きかえています。この情報をもとに、コンピュータとやり取りして、商品名や値段を調べることができるのです。

かつては、店員が商品の値段を確認して計算していたので大変でした。バーコードを使うことで、計算が速くなり、まちがいも減りました。現在は、こういった身近なところでも、コンピュータのおかげで便利になっています。

バーコードとQRコードのしくみ

バーコードやQRコードの情報は、レジでの計算だけでなく、スーパーマーケットやコンビニエンスストアの本部で商品管理にも使われています。

「どっちに進む?」(2〜3ページ)の答え

ジャンプしたり、空を飛んだりできず、工事中の看板や池、木、穴などの障害物はさけて通り、ヘビが苦手なロボットがゴールする最短のコースは、下の図の矢印の通りです。これをロボットに命令する「プログラム」にすると……。

2ビットの情報による命令

1マス前に進む
左に向く
1マス前に進む
1マス前に進む
1マス前に進む
左に向く
1マス前に進む
右に向く
1マス前に進む
1マス前に進む
右に向く
1マス前に進む
1マス前に進む
右に向く
1マス前に進む
左に向く
1マス前に進む
1マス前に進む
右に向く
1マス前に進む
1マス前に進む
左に向く
1マス前に進む
1マス前に進む
左に向く
1マス前に進む
1マス前に進む
1マス前に進む
止まる

3ビットの情報による命令

1マス前に進む
左に向く
3マス前に進む
左に向く
1マス前に進む
右に向く
2マス前に進む
右に向く
2マス前に進む
右に向く
1マス前に進む
左に向く
2マス前に進む
右に向く
2マス前に進む
左に向く
2マス前に進む
左に向く
3マス前に進む
止まる

2ビットの情報（2×2＝4種類）による命令だと、29回もの命令が必要です。3ビット（2×2×2＝8種類）による命令にすると、命令の種類を4つ増やせ、20回の命令ですみます。

ロボットになったつもりで、マス目の上を動いてみて下さい。ふつう「右に向く」といわれると、右を向いたあとに、前のマス目に進むと思いそうですが、ロボットは進まずに向きを変えるだけです。プログラムは「思ったとおりには動かず、書かれたとおりに動く」のです。

さくいん

あ
- アセンブラ　44
- アナログ　54,55
- アプリケーション（アプリ）　21,24
- アプリケーションソフト　21
- インターネット　8,21,22,26,30,46,57
- エドサック（EDSAC）　44
- エニアック（ENIAC）　44
- 演算　30
- 演算部　37,38

か
- 解析機関　44
- 画像　30,31,42,56,57,58
- キーボード　22,30,31
- 記憶　13,30,31,32,34,35,36,37,38,52
- ギガバイト（GB）　13
- キュベット（Cubetto）　23
- 組みこみ用・制御用ソフト　21
- くり返し　11,17,18,19,28,44
- ゲーム　2,8,21,22,24,27,31,33,46,57
- コードモンキー（CodeMonkey）　23
- コーヒースクリプト（CoffeeScript）　23
- ことだまオンスクイーク（on Squeak）　27
- コンピュータ　2,8,9,12,13,14,15,16,17,20,21,22,24,25,27,28,30,31,32,33,35,36,38,39,40,42,43,44,46,50,57,59

さ
- 自動車　8,30,43
- シミュレーション　43
- ジャバ（Java）　24,44
- ジャバスクリプト（JavaScript）　26
- 出力装置　31
- 順次実行　11,16,17,19,28
- ジョイスティック　31
- 条件分岐　11,18,19,28,44
- 情報　13,30,31,32,34,36,37,46,47,48,49,52,53,55,56,57,58,59,61
- 情報化社会　46
- 炊飯器　8,21
- スーパーコンピュータ　40,41,42
- スーパーコンピュータ「京」　12,41
- スクイーク（Squeak）　27
- スクラッチ（Scratch）　22
- ストレージ　13
- スピーカ　31,54,55
- スマートフォン　8,21,24,30,33,46
- 制御　30
- 制御部　37,38,39
- セル　34,35
- センサ　31
- 洗たく機　8,21
- ソフトウェア（ソフト）　21

た
- 端子　36
- 地上波デジタル放送　58
- 中央演算処理装置　30
- ディスプレイ　31,38
- データ　13,30,37,42,44
- デジタル　55,56,58
- 手順　10,11,14,17,39

62

手順書	8,9,11,28	
デスクトップアプリ	21	
テラバイト (TB)	13	
テレビ	24,58	
電圧	34,35	
電気信号	36,54,55	
天気予報	42,46,47	
電子レンジ	8,21,24	
電卓	32,33,38,39	
電話	54	
な 入出力装置	30,31	
入力	42,44	
入力装置	31	
は バーコード	59	
ハードディスク	13	
パイソン (Python)	27	
バス	32	
パソコン	12,13,22,23,24,34,36,40,46	
パッケージ	34,36	
ビット	48,49,52,53,55,56,57,58,61	
ビットマップ	56	
フォートラン (FORTRAN)	44	
浮動小数点演算	40,41	
プリンタ	31	
プログラミン	22	
プログラミング	9,10,16,22,23,24,25,26,27,28,44	
プログラミング言語	9,20,21,22,23,24,25,26,27,44	

プログラム	2,3,8,9,11,13,14,15,16,17,19,20,22,23,24,25,26,27,28,30,32,33,34,35,37,39,44,60,61	
プログラムカウンタ	37,39	
フロップス (FLOPS)	40	
ま マイク	31,54,55	
マウス	31	
マシン語	35	
命令	2,8,9,11,14,16,17,18,19,20,28,30,32,33,35,36,37,38,44,52,53,60,61	
メモリ	13,21,30,32,33,34,35,36,37,38,39,44	
ら レジスタ	37,38,39	
ロボット	2,3,16,17,18,19,23,30,33,52,53,60,61	
英数字 2進数	40,50,51,55	
2進表現	35,44	
10進数	50,51	
AI（人工知能）	15,27	
B（B言語）	25	
C（C言語）	25	
CPU	30,32,33,36,37,38,39	
QRコード	59	
Web（ウェブ）アプリ	21,22,24,26,27	
Webカメラ	31	
Webサイト	22	
Webブラウザ	21,22,26	

監修 大岩 元（おおいわ　はじめ）

1942年生まれ。東京大学理学部物理学科卒。同大学大学院理学系研究科物理学専攻修了。理学博士。東京大学理学部助手、豊橋技術科学大学講師、助教授、教授を経て、1992年慶應義塾大学環境情報学部教授。2008年同定年退職、慶應義塾大学名誉教授。『ことだま on Squeak で学ぶ論理思考とプログラミング』（イーテキスト研究所）を監修。

執筆 松尾高明（まつお　たかあき）

ICT／プログラミングスクール「TENTO」講師。セイコーインスツル株式会社で半導体回路設計、株式会社本田技術研究所で車用デジタルカメラ、自動運転の開発などを手掛けた後、2012年より株式会社TENTOにて小中学生にプログラミングを教えはじめる。共著書に『みんな大好き！ マインクラフト るんるんプログラミング！ コマンドブロック編』（ソシム）。

イラスト 雫月ユカ（なつき　ゆか）

編集・デザイン ジーグレイプ株式会社

写真提供 上山清二
富士通株式会社
マサチューセッツ工科大学（MIT）メディア・ラボ
ジャパン・トゥエンティワン株式会社
キャンドルウィック株式会社
大岩 元
国立研究開発法人理化学研究所

プログラミングとコンピュータ
しくみと基本がよくわかる！

2017年12月1日　第1版第1刷発行
2019年5月9日　第1版第2刷発行

監修者　大岩 元
発行者　後藤淳一
発行所　株式会社PHP研究所
　　　　東京本部　〒135-8137　江東区豊洲5-6-52
　　　　児童書出版部　☎03-3520-9635（編集）
　　　　　　普及部　☎03-3520-9630（販売）
　　　　京都本部　〒601-8411　京都市南区西九条北ノ内町11
　　　　PHP INTERFACE　https://www.php.co.jp/

印刷所
製本所　図書印刷株式会社

©g-Grape Co.,Ltd. 2017 Printed in Japan　　　　ISBN978-4-569-78723-7

※本書の無断複製（コピー・スキャン・デジタル化等）は著作権法で認められた場合を除き、禁じられています。また、本書を代行業者等に依頼してスキャンやデジタル化することは、いかなる場合でも認められておりません。
※落丁・乱丁本の場合は弊社制作管理部（☎03-3520-9626）へご連絡下さい。送料弊社負担にてお取り替えいたします。

63P 29cm NDC007